U0214822

多肉新手

玩转桌上小盆栽

雷弘瑞　王之义 /著

海峡出版发行集团 THE STRAITS PUBLISHING & DISTRIBUTING GROUP | 福建科学技术出版社 FUJIAN SCIENCE & TECHNOLOGY PUBLISHING HOUSE

作者序

守着阳光，守着你

Taking care of you

雷弘瑞

每当在阳台照顾多肉植物的时候，我总会哼起这首歌：“守着阳光，守着你”。为了得到更好的光照，每天把植物们搬来搬去，追着阳光跑，一点也不觉得辛苦，反而很快乐。

“守候着你，我便守候住一身的阳光。”就是这个意思吧？

植物的能量

我的父亲是个园艺高手，种了一园美丽的兰花，或许是受到他的影响，我住的地方一定要有植物相伴。我喜欢与这些植物交流，它没有人与人之间种种的不快乐。

小学课文有这样一个故事，朋友送了一束花，收到花的人从摆上花瓶开始，就动手把屋子里外彻底整理干净。植物有种神奇的能量，小小一束就可以让空间活起来，仿佛将四季的变化都带进了家里，连空气也变得美好。

2013年，父亲与养了11年的小兔相继上了天堂，说再见很难，我把对他们的想念寄托在多肉植物上。每当修剪、浇水时，我总会想象父亲守候兰花的心情，感觉就更亲近他一些；而阳台上那株月兔耳，毛茸茸的模样与触感，让我想起轻轻摸着小兔耳朵的感觉，我就会忘记它已经不在了。

燃烧的小宇宙

小时候看漫画《圣斗士星矢》，每次遇到危机时，圣斗士总在最后关头爆发出不可思议的潜能，度过一次又一次难关。在我心中，多肉植物正是植物界的圣斗士，挑战大自然严苛无情的考验，燃烧生命中的小宇宙，展现出各式各样试炼后的迷人姿态。

我们的人生也需要这样奋斗不懈的生命力。

从小花店里偶然带回第一盆多肉植物，到如今已拥有数不清的盆栽，占满整个阳台。虽然这段时间不算太长，却展开了一段意外的旅程。忽然拥有了一个品牌，成就许多开心的合作案，并因此认识了难得的好朋友们，现在更借着这本书与更多人分享多肉植物设计的创意与快乐。

如果让我决定多肉植物的花语，我想用日本漫画《圣斗士星矢》里的台词“燃烧吧！我的小宇宙！！”来代表，因为它们神奇地燃烧了我心中的另一个小宇宙。

作者序

留住美好片刻吧

Stay a day

王之义

我在想，怎样才算是美好又难忘的风景？能登半岛海岸线边上的温泉，洛杉矶有火炉的星巴克，新加坡顶楼无边际泳池，东京筑地的玉子烧……曾经拜访过的这些胜地，景致美不胜收，好想打包带回家。

只是再美的风景，什么也带不走。所以我们买了一堆伴手礼，摆满桌子、储柜，收进阴暗的抽屉好久才拿出来。

每天最常出现的风景却是地铁站、菜市场、路边摊，还有凌乱的办公桌、卫生间，和那离开会让人焦虑的手机。

这些生活上天天见面的风景，我们应该可以自己动动手，让它们变得更美好些吧！

光之手

我不是一个双手灵巧的人，这本书的作品都是雷弘瑞亲手制作，我参与了讨论、设计与创意的构思，挂名作者是沾他的光。

雷弘瑞是我认识的人中最细心的一个，他有一双“光之手”，能把平凡的小东西变得有光芒。那些“肉”在他的巧妙安排下，仿佛生肉变成了米其林的星星料理（而且人人吃得起喔）。

这本书多谢他提供多年的收藏，让每张照片都变得有趣。很贵吗？你一定想不到那些小物，都是花费不多就得到的。创意不能高不可攀或是无法运用，这是我们共同的想法。

少即是多

我们曾经很犹豫，会不会太简单了？会不会没有技巧？我们并非多肉植物的专家，单纯想用分享的心情，向大家介绍把多肉植物做成桌上风景的各种小技巧与可能。

很喜欢木心写的一句话：“任何东西进了博物馆都有王者相。”我也常泡在咖啡馆，咖啡馆窗明几净好想回家马上模仿改造，但怎么做，就是无法把自己的窝变成咖啡馆那样的风光明媚。后来才发现，原来生活的气息，像是桌上的电脑线、账单、牙线棒与没中奖的统一发票，这些跟我们生活在一起的东西，是不会在咖啡馆与博物馆中到处暴走的。

所以我们用减法去设计书上的小盆栽，把多余的都拿掉，简单，却变得更美了。“少即多是”这句话多么正确，所以也请你开始整理桌面吧！（咦？不是在讲创意小盆栽吗？怎么变成家事劝勤书了！）

目录
CONTENTS

启程

第一章 最初

第二章 有爱

第二章 分享

启　程

认识久肉朋友们
多肉植物小百科
工具素材篇
常见问题Q&A（问与答）

我跟我那些老皮嫩肉的久肉朋友们

什么是多肉植物（Succulent Plants）？从外观上看起来，根、茎、叶特别肥大，感觉很有福气、肉很多的植物，就是多肉植物。所以也有人说它是“胖植物（Fat Plants）”。

多肉植物为了适应干旱的环境，所以在根、茎或叶储存了大量的水分与养分。最为我们熟悉的应该就是芦荟了，它丰满的叶子，是多肉植物中最易辨认的样貌。

多肉植物原产地多位于沙漠及海岸地区，像是非洲、马达加斯加，其种类繁多相当惊人，较常见的有景天科、龙舌兰科、大戟科、夹竹桃科、百合科、番杏科、萝摩科、鸭跖草科、菊科、仙人掌科、马齿苋科、葡萄科、风信子科……50几科，多达1万多种以上的品种与变种。

您哪位？

至于仙人掌呢？它也是多肉植物的一类，但由于其种类也很多，因此很多人都将它独立出来讨论。有趣的是，有些多肉植物跟仙人掌的外表很类似，几乎都快分不清谁是谁。加上有些多肉植物看起来瘦瘦的，根本是纸片人，到底您是哪一位？

简易的判断方法之一，就是仙人掌科多半有“刺座”的组织，虽然部分多肉植物有刺状的外表（如大戟科），但其多半是表皮特化的情形，跟有刺的仙人掌不一样。尽量别用手去摸仙人掌，有些刺虽然很小，但暗藏机关，刺进手指中很难拔除（因为我的眯眯眼看不到啊）。

就算是相同家族，状况也不同。例如白乌帽子，身上的软毛跟同一家族的金乌帽子就不一样，金乌帽子身上的刺就像小辣椒般短却狠，真的会扎伤人。

大家都说：丢着就好

常有朋友说，多肉植物不都是从沙漠来的吗？丢着不用管它也不会死吧？

其实只要是活的植物，就需要你的关心跟照顾。虽然多肉植物的祖先们来自沙漠、大陆气候型地区或是山之巅、海之边（也许还有外星球来的，我真的很怀疑），但经过繁殖地的繁衍与环境变化，早已千变万化。书中所选的植物，大都宛如幼儿班或是少女时代，需要格外细心呵护。这样才能陪你很久，当个真正的“久肉朋友”。

多肉植物小百科

这里介绍书中所运用到的多肉植物。其样貌与市售的大多相同，但有些是特别挑选的，像是生长多年而木质化，或自行培育后尚在幼苗阶段，又或是因季节的关系其颜色与外表会略有差异的品种。

玉扇

学名：*Haworthia truncata*
科别：百合科
特色：顶部像被刀片切过一样平整，有半透明组织“窗”，在阳光下特别明显，外形像扇子一样而得名

月兔耳

学名：*Kalanchoe tomentosa*
科别：景天科
特色：正名褐斑伽蓝，叶面上有绒毛，易沾水珠或尘土，边缘有焦糖色斑纹是它的特色

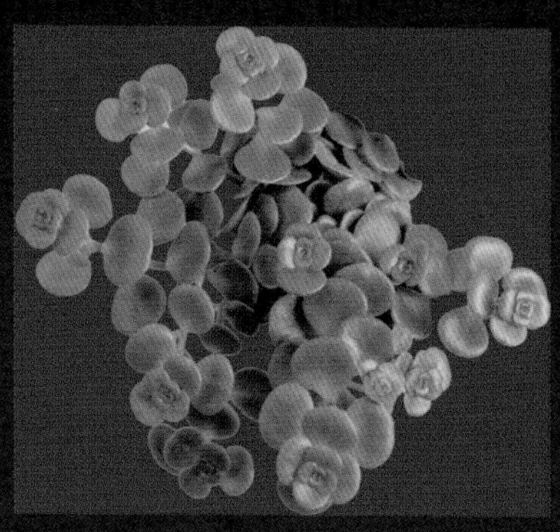

高加索景天

学名：*Sedum spurium*
科别：景天科
特色：低矮型生长的叶形多肉植物，有着一层层像云海一样蔓生的叶片，容易生长

厚叶宝草

学名：*Haworthia cymbiformis*
科别：百合科
特色：肉身十分结实，宝草类的生命力都很旺盛，开花时会伸出长长的梗

*本书植物名称若有误，恳请各位专家达人不吝指正，谢谢

姬胧月

学名：*Graptopetalum paraguayensis* f.*bronz*
科别：景天科
特色：光照充足时是红棕色，光照少时变墨绿色甚至是浅绿色，是会随光照变换色彩的品种

蓝月亮

学名：*Senecio antandroi*
科别：菊科
特色：又称美空鉾、绿鉾，需水量较一般多肉植物多，水量不足会无精打采、叶面下垂

紫武藏

学名：*Kalanchoe humilis*
科别：景天科
特色：又称小花伽蓝菜，外表跟江户紫很像，叶片有虎斑纹，颜色为紫灰色，会生长梗开小花

银手球

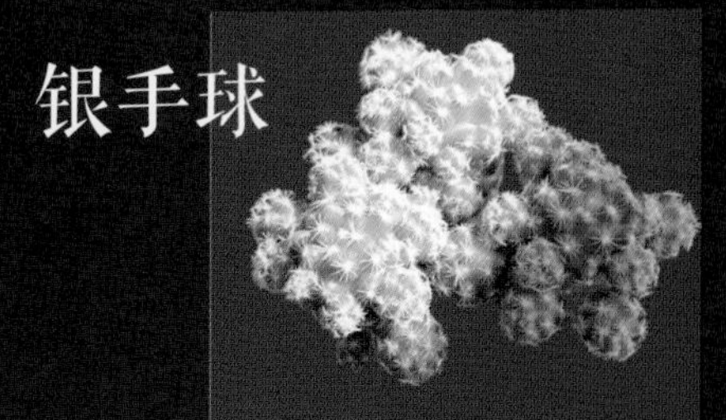

学名：*Mammillaria gracilis*
科别：仙人掌科
特色：又名明香姬，低矮球形仙人掌，表面看似有刺实为软毛，成网状包覆，会开黄色或白色小花

纽伦堡珍珠

学名：*Echeveria* cv. *Perle* von Nürnberg
科别：景天科
特色：叶片蓝绿色中带有紫色，天气冷与强日照下会更明显，由德国植物专家培育而成

绿之铃

学名：*Senecio rowleyanus*
科别：菊科
特色：长得跟剥壳后的豌豆一样是它的特色，往下垂缀蔓生，怕热、喜凉爽有光照环境

星王子

学名：*Crassula conjuncta*
科别：景天科
特色：像星星又有点像忍者飞镖，会直立往上生长、达20厘米以上，但长得太长时会垂下来。在夏天易长黑色斑点

条纹十二卷

学名：*Haworthia fasciata*
科别：百合科
特色：外表看起来肉一点也不多，还比较像恐龙的爪子，叶背条纹类似斑马纹

玉露

学名：*Haworthia obtusa* var. *pilifera*
科别：百合科
特色：十分常见的多肉植物，水分充足时叶面饱满，尖端有半透明的植物“窗”，光照下更明显

小花犀角

学名：*Stapelia unicornis*
科别：萝藦科
特色：外表很像仙人掌，但无刺。有细毛的茎肥厚多肉。会开直径15厘米以上的花，有些花会有臭味，有些则无

蛋白石莲

学名：*Echeveria* sp. SIMONOASA
科别：景天科
特色：表面有白粉，其蓝绿色泽显得迷蒙，很像粉彩画。故又称之为霜之朝，更有诗意

雅乐之舞

学名：*Portulacaria afra* f. *variegata*
科别：马齿苋科
特色：又称斑叶马齿苋树，叶片较为脆弱，不要一直碰它，枝干有些会木质化，看起来像小树一样。叶片没有斑纹的是姐妹多肉植物银杏木

大型若绿

学名：*Crassula muscosa L.* var.*muscosa*‘Major’
科别：景天科
特色：跟若绿的差别在于叶片分得很开，乍看好像科幻片里的生物，不喜高温环境

樱吹雪

学名：*Anacampseros rufescens* f. *variegata*
科别：马齿苋科
特色：又称吹雪之松锦，外形神似樱花，光照充足时叶片下方会呈现漂亮的樱花色，光照不足时茎很容易徒长抽长，变浅绿色

金钱木

学名：*Portulaca molokiniensis*
科别：马齿苋科
特色：又称云叶古木，茎干粗壮，叶片呈花形，像云朵开在树干上，别有姿态

黑法师

学名：*Aeonium arboreum* var. Atropurpureum
科别：景天科
特色：夏季休眠型，忌湿热环境，光照足时叶片为紫黑色，光照不足时则呈墨绿色

银晃星

学名：*Echeveria pulvinata* 'Frosty'
科别：景天科
特色：叶片表面有银白色绒毛，像霜一样，触感柔软，外表像石莲一样呈现花形

雷童

学名：*Delosperma echinatum*
科别：番杏科
特色：正名刺叶露子花，跟另一品种“银箭”很像，叶面有软毛，叶端较圆，有点像迷你小黄瓜

白乌帽子

学名：*Opuntia microdasys* var. *albispina*
科别：仙人掌科
特色：正名白毛掌，为团扇状生长的仙人掌，全身有刺状软毛，会开小花，生命力强很容易生长

七宝树锦

学名：*Senecio articulatus* 'Candlelight'
科别：菊科
特色：外表像树一样，英文别名“烛火”，会开小花，花奇臭无比，一试永难忘

蝴蝶之舞锦

学名：*Kalanchoe fedtschenkoi* 'Variegata'
科别：景天科
特色：正名玉吊钟，顾名思义，外形像蝴蝶一样，有不规则白斑与桃红色叶边，繁殖力强，但多肉特色不明显

火祭

学名：*Crassula americana* 'Flame'
科别：景天科
特色：叶交互对生形状像“十”字，低温时叶面才会由绿转为鲜艳的橘红色，喜阳光充足的环境

玉缀

学名：*Sedum morganianum*
科别：景天科
特色：又称玉串或玉帘，身上覆有薄粉，垂挂栽培可长成一大串长达30厘米以上

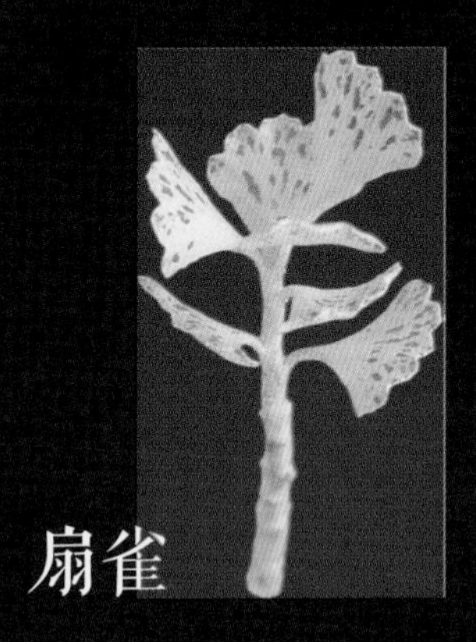

扇雀

学名：*Kalanchoe rhombopilosa*
科别：景天科
特色：又称姬宫，叶片成扇形，有褐色小斑点，还有人将其取名为巧克力碎片冰淇淋

龙神木

学名：*Myrtillocactus geometrizans*
科别：仙人掌科
特色：一柱擎天，也有白粉覆着在茎上，茎蓝绿色，老茎粉脱落后呈蓝灰色，原产地为墨西哥

子持莲华

学名：*Orostachys iwarenge* var. *boehmeri*
科别：景天科
特色：莲花形但成蔓生状，十分会长，从叶腋蔓生长茎且在末端再生，大大小小像星星一样，又被称为白蔓莲、玫瑰之恋

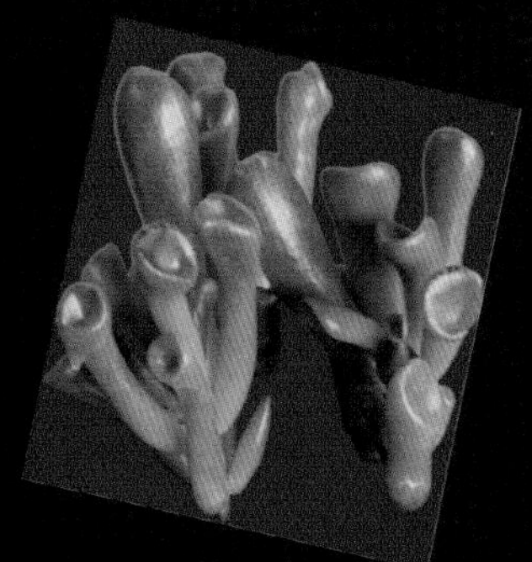

筒叶花月

学名：*Crassula portulacea* f. *monstrosa*
科别：景天科
特色：又称为姬花月或聚财树，最有趣的别名是“史瑞克的耳朵”，光照充足时凹进去的叶里局部会呈现红色

松叶佛甲草

学名：*Sedum mexicanum* Britt.
科别：景天科
特色：外表也不太像多肉植物，反而像草一样。也会在顶端开出黄色小花，跟佛甲草有点像

金冠

学名：*Notocactus schumannianus*
科别：仙人掌科
特色：很有墨西哥特色的仙人掌，外围有金黄色的软刺，头顶会开出淡黄色的花，像一顶国王戴的皇冠

峨嵋山

学名：*Euphorbia 'Gabizan'*
科别：大戟科
特色：身体像萝卜一样，配上头顶的叶片又很像凤梨。生长速度缓慢，成群时真的很像四川的峨嵋山

白小町

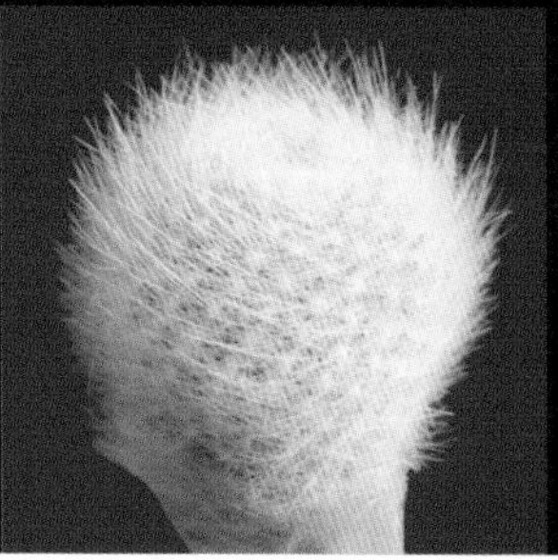

学名：*Notocactus scopa*
科别：仙人掌科
特色：圆圆的又浑身白毛十分可爱，会从头顶开出黄色的花，与吹雪柱很相似，但身形不同

茎足单腺戟

学名：*Monadenium ellenbeckii* var.*caulopodium*
科别：大戟科
特色：茎翠绿色直筒状，样似绿芦笋，叶片小巧，体内含白色汁液，应避免触碰

翡翠木

学名：*Crassula argentea*
科别：景天科
特色：就是俗称的发财树，叶片多肉肥厚，浓绿富光泽。耐旱，易种植，水不用太多

白桦麒麟

学名：*Euphorbia mammillaris* f. *variegata*
科别：大戟科
特色：白绿色的外形，具6~8棱，棱成六角状瘤块。幼株看起来可爱，但长大会生出大型刺，是具有异形感的多肉植物

圆叶虹之玉

学名：*Sedum stahlii*
科别：景天科
特色：也被称为圆叶耳坠草，跟虹之玉一样，在低温日照下颜色会由灰绿转成橘红色

诹访绿

学名：*Rhipsalis sulcata*
科别：仙人掌科
特色：这真的是仙人掌科的植物，看起来柔弱凌乱，身上无刺，会开可爱的小花

金晃

学名：*Notocactus leninghausii*
科别：仙人掌科
特色：标准的仙人掌，身体的刺是软毛，最高可长到六七十厘米，顶端会开花

唐印

学名：*Kalanchoe thyrsiflora*
科别：景天科
特色：大型的景天科多肉植物，开花时高度可达100多厘米以上。低温且日照充足时叶面外缘长成红色渐层，十分漂亮。有人形容它像乒乓球拍或小狗的舌头

卷绢

学名：*Sempervivum arachnoideum*
科别：景天科
特色：植株呈莲座形，变种很多，有的表面有类似蚕丝状的毛絮，有些叶尖处会变红，会长侧芽也会开花

碧鱼莲

学名：*Echinus maximilianus*
科别：番杏科
特色：植物长高后会左右开弓、自由式地生长，开紫红色小花，叶片呈对称排列

虹之玉

学名：*Sedum rubrotinctum*
科别：景天科
特色：肉质叶膨大互生，天气热时为绿色，秋冬季节配合充足的日照，就会愈冷颜色愈红

绿珊瑚

学名：*Euphorbia tirucalli*
科别：大戟科
特色：又称为神仙棒，植物内有白色乳汁，具毒性，需特别留意勿碰触到皮肤

若绿

学名：*Crassula muscosa*
科别：景天科
特色：常被称为青锁龙，与大型若绿最大的不同在于叶面较紧密，其叶片很小，一般呈绿色，日照充足时顶部叶片会变红

加州落日

学名：*x Graptosedum* 'Calfornia Sunset'
科别：景天科
特色：跟铭月、黄丽很像，但天气冷时才会从绿色变身成漂亮的橘红色，还会开粉红白小花

黄金万年草

学名：*Sedum arce*
科别：景天科
特色：光照足叶面呈淡绿金黄色，光照不足则呈深绿色。偶有同时出现两种绿色，称之为返祖现象

台湾佛甲草

学名：*Sedum formosanum* N. E. Br.
科别：景天科
特色：又称“雀利”或“石板菜”，生命力强，常见于海边土地贫瘠处，会开黄色小花，外表也不太像多肉植物

雪峰

学名：*Mammillaria gracilis* cv Arizona snowcap
科别：仙人掌科
特色：又称明香姬，跟银手球同类，但颜色较深，身形成柱状，白色软毛为点状均匀分布

吹雪柱

学名：*Cleistocactus strausii*(Heese) Backeb.
科别：仙人掌科
特色：全身披白色的软毛，茎细圆柱状，高度可达1.5米，会从身体各部位长出红色小花

猿恋苇

学名：*Rhipsalis salicornioides*
科别：仙人掌科
特色：叶退化，全株由纤细的圆柱状茎构成，茎伸长后呈悬垂性，形态奇特。春季开鲜黄色的小花，花顶生

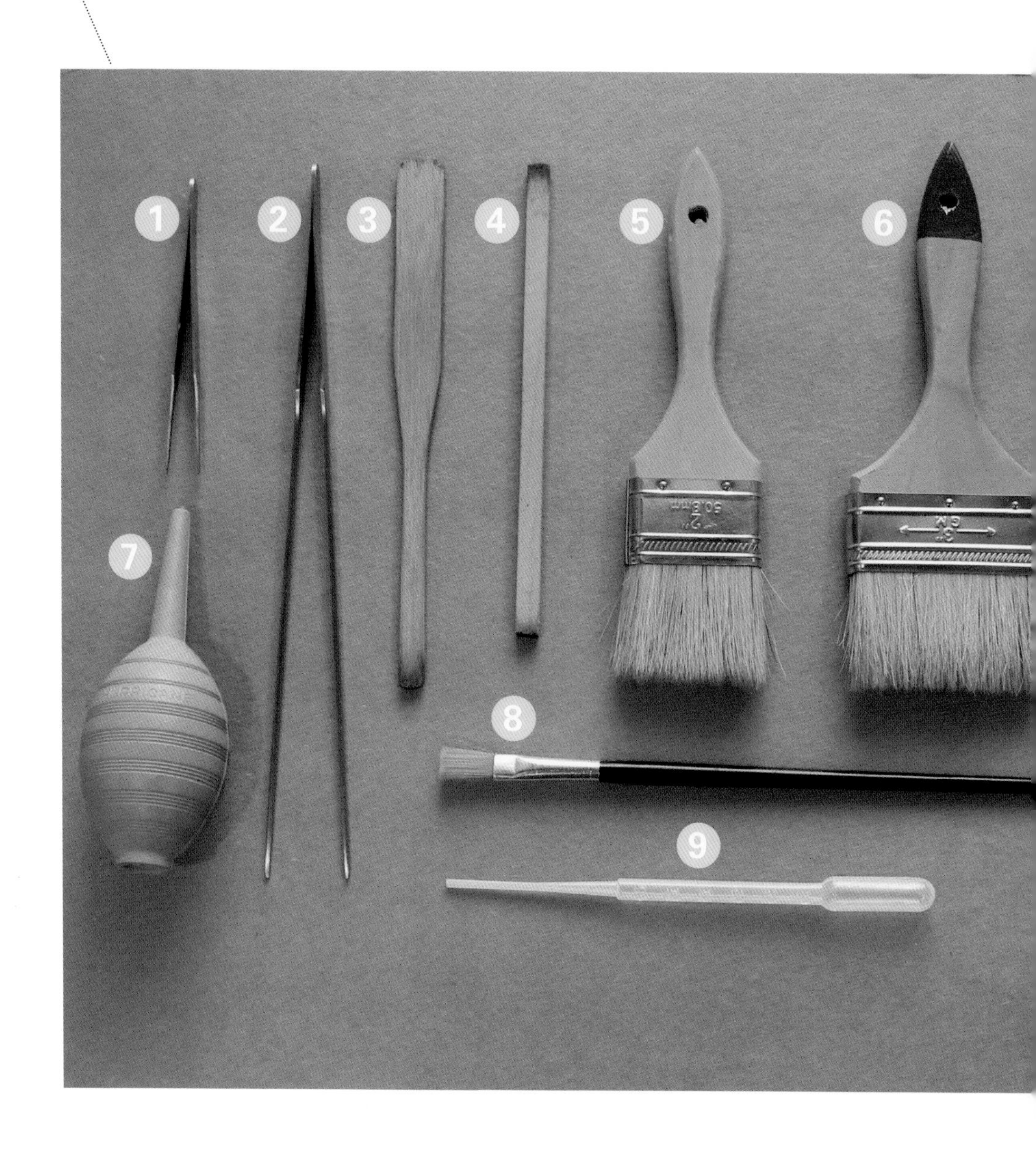
1
2
3
4
5
6
7
8
9

1 小夹
调整植物，夹枯黄枝叶或石头都很好用

2 水草夹
移盆时使用，夹住植物茎底部且方便移动

3 扁茶匙
在压土或调整植物时使用，亦可用免洗筷

4 小木棒
与扁茶匙用途类似

5 中油漆刷
清理花器外观脏污时很好用

6 大油漆刷
清理大面积脏污或桌面时很好用

7 相机用气吹
可吹去沾在叶面的尘土，避免破坏植物本体

8 水彩笔
清理尘土的好帮手，扁形的最好用

9 刻度滴管
浇水时使用，有刻度的滴管较方便计算水量

10 小冰铲
用于大型盆栽，跟汤匙作用相同但铲土量较大

11 大剪刀
修剪植物根茎用，以尖头为佳

12 小剪刀
修剪植物叶片用，以尖头为佳

13 汤匙
舀土与砂石时使用，可准备一大一小配合运用

4种美化盆栽的素材

1 水晶白砂

水族店有售，可按个人喜好选颗粒大小，建议选约米粒大小的最佳。

2 金贝砂

贝壳砂的一种，比水晶白砂细小，在水族店买得到。

3 绿纹石

颗粒较大，适合用于大型一点的作品，一样在水族店买得到。

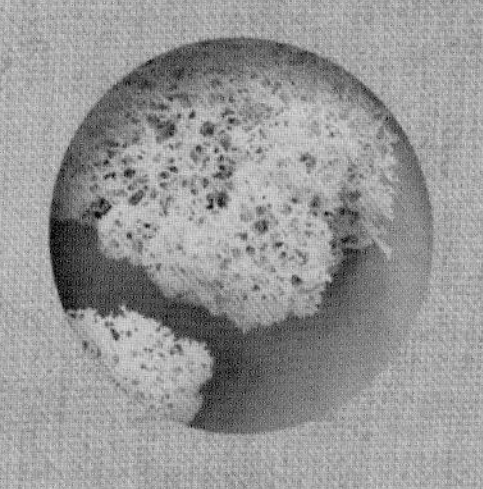

4 麋鹿苔藓

花市有售，一整盒卖，染有各种颜色，已标本化，无需照顾。

别忘了最重要的“多肉植物专用土”，一般的土因较紧密、黏度高，不适合多肉植物生长。

4种不失败设计法则

1 花器

用一个特别的花器来衬托多肉植物，胜过千言万语。

2 留白

在植物与花器之间，别种太满或填得太满，留一点空间。

3 差异

大小的对比、高度的对比、色彩的对比，营造差异制造乐趣。

4 多少

小东西可以让小盆栽更出色，但宜少不宜多，懂得取舍更有画面感。

观察，是最好的照顾方法

空气流通很重要

常常有些在山上农场长得超健康的多肉植物，一下山就神气不起来了，是城市里的空气不好吗？我们常有这样的疑问。到底是哪儿出了问题呢？农场主人养了一盆用废弃灯罩种的仙人掌跟仙人球，已经6年了还上过花草杂志，长得非常好，而且重点是：灯罩没有排水孔。

就是说，我们以为有底孔的盆栽就会活得比较健康，居然也不是。农场热起来真的很要命，而且洒水量也不少，为何它们还是活得很健康呢？推理了各种可能，答案是：空气对流。

把盆栽放到房间，但没开窗，那盆栽很快就会往生，原来如此。有朋友将盆栽放在办公室，周末后回来上班，发现其已奄奄一息，因为周末公司没开空调而没空气对流。想不到多肉植物这么娇贵吧？其实空气流通对多肉植物的生长是很重要的。

Q 日光灯可取代阳光吗？

A 不建议。的确有一些黄色灯光的波长是有助于植物生长的，但毕竟“天然的最好”，还是让你的小盆栽多接触点阳光吧。

Q 晒太阳的时间多长为好？

A 有些品种喜全日照，有些需要低温有日照才会长得漂亮，所以只能靠观察来确定。一般来说，仙人掌类比较不怕晒，能照到太阳就让它们尽量享受日光浴，它们也会因光照而加速生长。

Q 为何农场的多肉植物就可以晒全天不用管它们？

A 其实农场往往是在温室或是上方设有遮阳棚栽培多肉植物，虽然很热，但空间大、排气散热的效果远比放在关闭的室内好，所以照料植物除了水、光照还要注意空气流通。若是关在小房间里没有空气流通，就算有充足的光照与水，也不一定就可以长得很健康。

Q 如何判断光照不足？

A 有朋友很开心地说他的植物长大了，但一看却是“徒长”现象，也就是长得细细长长的，那就表示光照不足。最好是对照植物成长后的图片，再比照自己的植物是否与其类似。另外在颜色上也可作出判断，像是有些多肉植物会因光照而变色，一般来说，色泽变浅就有可能是光照不足。

Q 浇多少水才够？

A 就本书所介绍的盆栽作品而言，放在桌上的小盆栽花器都没有孔或是已封住，所以建议每一株植物只浇2-3毫升水。因为万一浇水太多，水排不掉，很可能就会让根部烂掉。若植物所处的环境较干燥，可以增加浇水频率。例如原本两周浇一次水，可增加为一周一次。但还是要仔细观察植物的样貌，感觉植物干瘪就是缺水了（秋冬通常较干燥，可增加水量与浇水频率）。

中医说，口渴了喝水，一口气灌很多，身体会来不及吸收。就像土很干的花盆，水要慢慢地浇，才能被植物吸收（此法仅针对本书所设计的小盆栽，大型盆栽不在此限）。若是种在有排水孔的盆器，则可采用“干再浇、浇到透”的原则。

Q 正确浇水的方式？

A 要记得把水浇到植物的根部处，避免浇到叶子上。

Q 我的玉露很大一颗，也是浇一点点水？

A 是的。因为万一浇水太多，正所谓“覆水难收”，当下感觉很过瘾，隔天有可能爆掉。玉露虽然很爱喝水，吸足了水分会很饱满好看，但万一水浇过头，就很容易从根部烂掉。可以增加浇水频率，但每次的浇水量还是别太多，除非底部有孔可排出水。

Q 多久浇一次水？

A 每个人摆放小盆栽的环境不同，需增加或减少浇水的频率，没有一定的标准。最好的判断方法就是“常跟你的小盆栽对话”，即常常观察它，了解它的需求。一般来说浇水原则是：干再浇、浇到透。但桌上型小盆栽的盆器没有孔，所以约莫两周浇一次，但需视盆器大小与植物多寡调整，秋冬可增加浇水频率。

第一章 最初

我还记得买的第一盆多肉植物是什么名称，在哪里买的。我的记忆力没有特别好，只是最初的美好与感动一直都在。生活不一定天天都如意，若只记得痛苦而忘了前进，就看不到风光明媚的未来。这一章，献给最初的感动。

01 姬胧月

Graptopetalum paraguayensis f.bronz

这株姬胧月的枝干已木质化，像小树一样充满动感的姿态，保留了气根，见证岁月痕迹。

材料准备

姬胧月（1株）

日式茶杯（1只）

金贝砂（适量）

多肉植物专用土（适量）

制作步骤

1 将姬胧月从原盆中移出，保留根部一部分原土。

2 比对高度后，放入少量专用土到茶杯中，接着再将姬胧月移入。

3 把姬胧月偏向茶杯一边，另一边留白，稳定好后，再放入专用土至茶杯的八分满左右。

4 铺上金贝砂，将表面修饰平整即完成。

做法提示

量

按植物高度先放入一点土，以能包裹住根部、又能露出植物最漂亮的部分为好。

美感

偏左或偏右比较有美感，不过要注意重心的平衡，以免倒栽葱。

最后

一定要最后才能加金贝砂，不然弄混土会显得脏脏的。

02 纽伦堡珍珠

Echeveria cv. *Perle* von Nürmberg

大部分的组伦堡珍珠都是一整株呈莲座形，但木质化的更有诗意，一群小珍珠，在阳光下更闪耀。

材料准备

纽伦堡珍珠（1株）	铝线（1小段）
中式冰裂釉杯（1只）	麋鹿苔藓（适量）
绿纹石（适量）	多肉植物专用土（适量）

制作步骤

1 将纽伦堡珍珠从原盆中移出（小心不要碰到叶面上的薄粉）。

2 把铝线拗成U形备用。

3 把纽伦堡珍珠偏杯子一边种、另一边留白，将其稳定好后，再倒入专用土至杯子的八分满左右。

4 铺上绿纹石，将麋鹿苔藓插入土中装饰即成。

做法提示

石

绿纹石不要放太厚，遮住土即可。

绿意

麋鹿苔藓有画龙点睛的效果，不需要太多。

定

把铝线弯成回形针状的U形，压麋鹿苔藓入石中固定。

03 猿恋苇 *Rhipsalis salicornioides*

因为它太美了，所以猿猴情不自禁爱上它？这名字很有恋人的情绪。伞架式的身形很奔放，茎末端会开小花。

材料准备

猿恋苇（1~2株）
塑胶杯（1个）
透明水杯（1只）
多肉植物专用土（适量）
水晶白砂（适量）

制作步骤

1 将猿恋苇从原盆中移出，保留根部的一些原土。

2 量好需要的深度与大小，剪裁塑胶杯。

3 将植物先种进塑胶杯中，再放入透明水杯里。

4 沿杯缘倒入水晶白砂后即完成。

做法提示

干土

若原盆土太湿容易弄脏花器，可等土干一点再做。

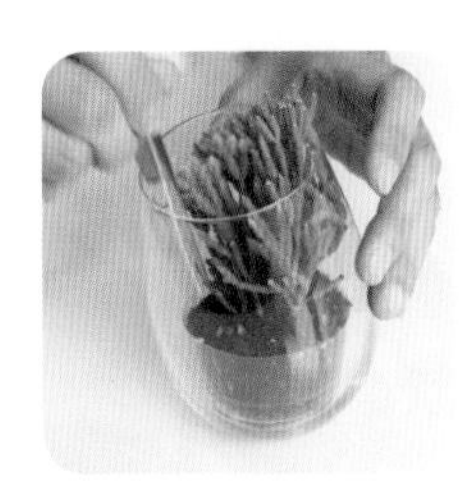

修

若觉得植物太满不好看，可修剪后再置入。

顺

将水晶白砂沿杯缘倒入，才不会全都卡在植物上。

04 玉露

Haworthia obtusa var. *pilifera*

玉露的叶面末端有半透明的组织“窗”，在光照下更明显。水量多时叶片饱满更可爱，但小心水别浇过头，根部易腐败。

材料准备

玉露（1株）

棉花棒（1~2支）

黑色圆形陶瓷小盆（1只）

多肉植物专用土（适量）

水晶白砂（适量）

制作步骤

1 从原盆中移出玉露，保留根部的一部分原土。玉露的身形饱满，可用手轻拿不用怕它受伤。

2 将它放进陶瓷小盆里量好高度，以能露出植株主体最佳。

3 倒入专用土后压紧，铺上水晶白砂后即完成。

做法提示

修

根部若太长可修剪，但不要全剪光。

抓

可用手轻抓它，不需用夹子，这样比较好填土。

擦

叶面若有残留肥料的盐结晶会显得白白的，可用棉签沾水轻擦去除。

05 银手球 *Mammillaria gracilis*

可爱的银手球会开白色或黄色的小花，绿色的球形外裹着白色软毛，但要小心其偶有凸出的褐色尖刺。

材料准备

银手球（1~2株）　塑胶杯（1只）
把手水杯（1只）　多肉植物专用土（适量）

制作步骤

1 银手球表面的95%都是软毛，但偶有凸出的尖刺，最好戴工作手套进行操作。

2 小心地将植物整株拔起，若怕弄脏花器，可先放入塑胶杯后再放入把手水杯。

3 放入把手水杯中后，刷干净杯身即完成。

做法提示

压捏

为了让植物更好取出，可先压捏一下原盆，让土松软后再取。

挑

若原株太大，可分成小株再移盆。

刷

大刷子在清洁工作中十分好用，可用来刷容器与工作桌面。

06 火祭 *Crassula americana* 'Flame'

这株火祭在拍摄时因为“时辰未到”，所以还没有像火一样的橘红色。这种叶面会随季节变色的植物，真的很令人期待。

材料准备

- 火祭（1株）
- 塑胶杯（1只）
- 木制笔筒（1个）
- 多肉植物专用土（适量）
- 水晶白砂（适量）

制作步骤

1. 将塑胶杯剪成可放入木制笔筒的大小，备用。
2. 将火祭种入塑胶杯，放入笔筒之前，笔筒底部可垫砂石或保丽龙以垫高露出火祭植株。
3. 种入植物后再铺上水晶白砂即完成。

做法提示

先

先把植物种入剪好的塑胶杯中。

刷

火祭的叶面像千层派，用水彩笔把土刷干净。

填

塑胶杯若不够高，可在底部先填入砂石垫高，亦可用保丽龙取代砂石。

07 子持莲华

Orostachys iwarenge var. *boehmeri*

这一小盆栽的制作真的很简单，只要找个合适的容器将植株移过去就可以了，有时少一点反而更有意境，设计师的座右铭：“少即是多”。

材料准备

子持莲华（1盆）

漆器茶叶罐（1只）

塑胶杯（1只）

多肉植物专用土（适量）

制作步骤

1 将子持莲华从原盆中移出，直接种入漆器茶叶罐中。漆器茶叶罐原本就有防水功能，若担心弄脏它或日后要做其他用途，亦可将子持莲华先种进剪好的塑胶杯中，再放入漆器茶叶罐中。

2 适度修剪长得太奔放的叶子，即完成。

干土

原盆若土太湿，容易弄脏花器也不好清理，可等土干一点再操作。

修

若觉得植物太满不好看，可适度修剪。

刷

刷干净花器外围与底部。

08 高加索景天

Sedum spurium

高加索景天也有人称它圆叶景天，在我看来它比较像山水画里的云朵，一层一层叠出一片云海。

材料准备

高加索景天（1盆）

木纹水杯（1只）

水晶白砂（适量）

多肉植物专用土（适量）

制作步骤

1 满盆的高加索景天不易从原盆取出，请先松土。

2 低矮型的高加索景天用手不易取出，运用长夹深入土里，夹住茎底部后取出比较容易。

3 填入适量的土，高度以能露出植株体为准，再将其放入木纹水杯里。

4 沿杯缘倒入水晶白砂后即完成。

做法提示

松

轻压原盆，帮根部“放松心情”，再“请”它出来。

着力点

叶片型的植物比较难用手抓取，请善用长夹。

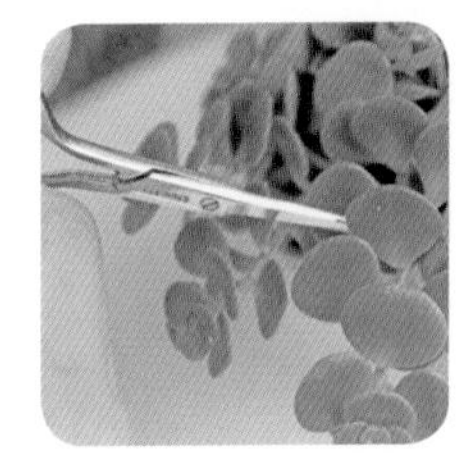

后剪

长得自由奔放的高加索景天，可种入新盆器后再行修剪。

09 厚叶宝草
Haworthia cymbiformis

这一款特别做给男生，宝草类多肉植物看起来都比较“Man”，所以特别选了蓝色的焗烤盘来搭配。

材料准备

厚叶宝草（1株）

塑胶杯（1只）

双耳焗烤盘（1只）

多肉植物专用土（适量）

水晶白砂（适量）

制作步骤

1 将厚叶宝草从原盆中移出，修剪好杂叶后备用。

2 量好可放入焗烤盘的深度与大小，剪裁塑胶杯。

3 把厚叶宝草种进塑胶杯，再放入焗烤盘里。

4 倒入水晶白砂后即完成。

杂

根部的枯干叶片先修剪掉。

可免

土少时植物长得慢，土多需水量也要多，若喜欢植物快速生长，可不用塑胶杯这步骤。

百搭

水晶白砂是百搭款，很配这个蓝色的容器。

10 雅乐之舞

Portulacaria afra f. variegata

这是我最初认识的多肉植物之一，看起来一点也不肉感吧？也因为这样才知道多肉植物的世界跟我们想像的不一样。

材料准备

雅乐之舞（1株）	铝线（适量）
打洞小木块（1块）	塑胶杯（1只）
麋鹿苔藓（适量）	多肉植物专用土（适量）

制作步骤

1 将塑胶杯固定在木块的洞里。

2 把雅乐之舞种入塑胶杯中，压紧土，刷干净残土。

3 撕下一块麋鹿苔藓，像围巾一样绕一圈，圈在雅乐之舞的外围。

4 用铝线固定苔藓周围（插入土中），即完成。

做法提示

干杯

可用热熔胶或相片胶，把塑胶杯固定在洞里。

紧平

因为空间小，压土不易，可用手指压紧土，再用扁茶匙抚平表面土。

嵌

用铝线做成U形夹，沿植物四周“嵌”进麋鹿苔藓中。

11 蝴蝶之舞锦

Kalanchoe fedtschenkoi 'Variegata'

一看就明白它形如其名，展开的叶子就像要飞出去的蝴蝶。粉红到像是被染色的叶缘很梦幻。

材料准备

蝴蝶之舞锦（2株）

描花茶杯（1只）

金贝砂（适量）

多肉植物专用土（适量）

制作步骤

1 将专用土倒入描花茶杯，约8分满。

2 用夹子夹住蝴蝶之舞锦的茎底部，小心移入杯中。

3 固定好位置后，再填入专用土、压紧。

4 沿杯缘倒入金贝砂后即完成。

做法提示

八分

填入八分满的土，以可露出植物体的高度为准。

施力点

用夹子最好夹在茎底部靠近根的位置，这样较易种植也不容易破坏植物体。

砂

金贝砂的功能除了装饰，也能避免土过干时被风吹散。

12 黄金万年草

Sedum arce

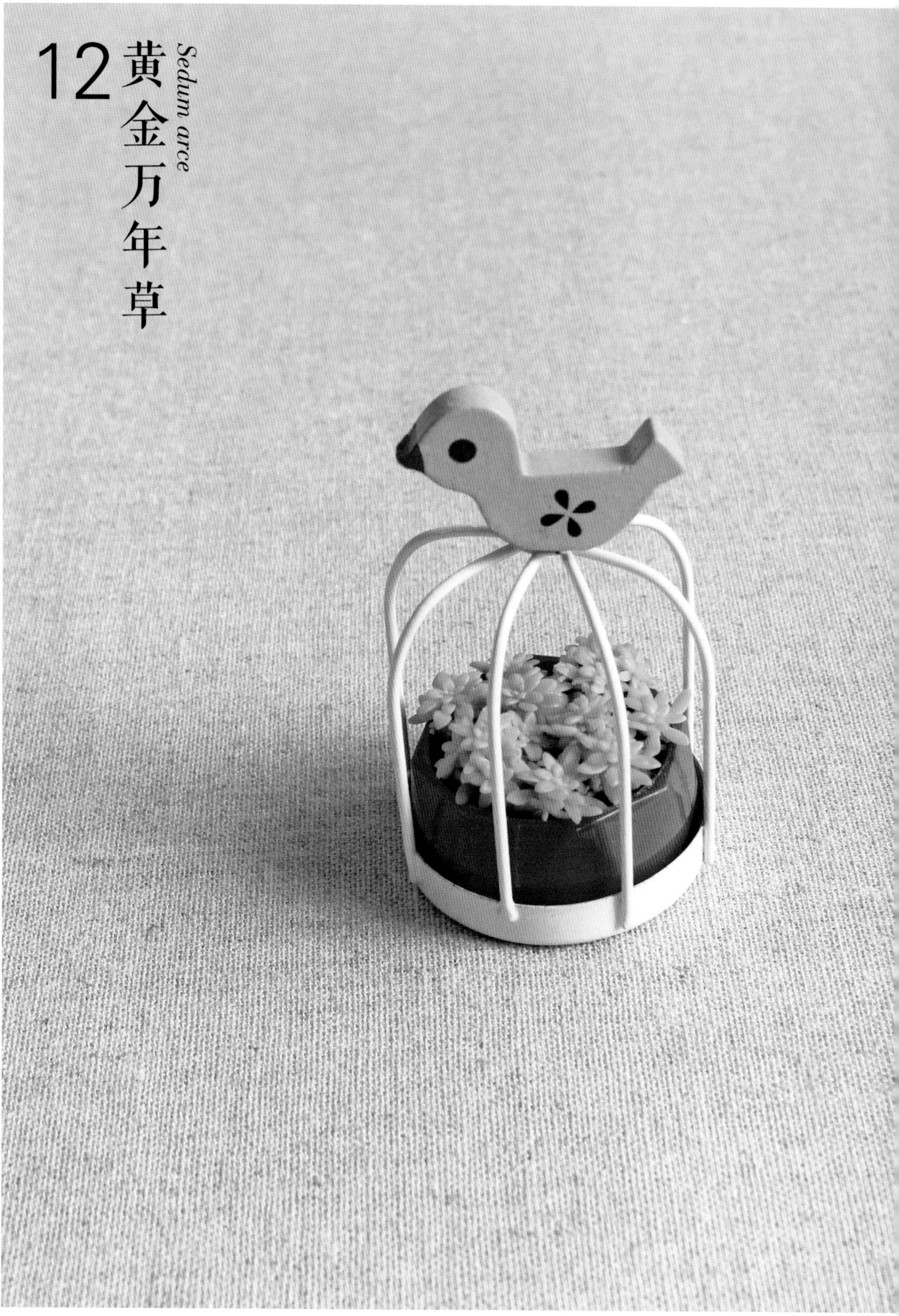

珍藏多年的回形针收纳用具终于派上用场了，搭配瓶盖种进的黄金万年草，一切都是那么刚刚好！

材料准备

黄金万年草（适量）

回形针收纳用具（1只）

瓶盖（1个）

多肉植物专用土（适量）

制作步骤

1 将黄金万年草从原盆中剪下，静置一晚让伤口风干。

2 挑选大小合适的瓶盖，铺满专用土。

3 将植物小心地植进瓶盖中。

4 植物种满瓶盖后放进“小鸟笼”里即完成。

做法提示

睡一天

黄金万年草搬家前一天先剪下，让它们“睡”一晚隔天再换新家。

换

瓶盖颜色多，可一次多准备几个随心情替换。

植

一株一株，慢慢地种满瓶盖。

13
白乌帽子
Opuntia microdasys
var. *albispina*

白乌帽子会从茎上方长出新芽，远看很像小狗，茎每一节倒卵形像脚趾头，全身的白色点状刺其实是软毛，不会刺人。

材料准备

白乌帽子（1~2株）	人造小瓢虫（1只）
麋鹿苔藓（适量）	金贝砂或绿纹石（适量）
黑色长方形瓷盆（1个）	多肉植物专用土（适量）

制作步骤

1 把专用土倒入瓷盆里，约八分满。

2 种入白乌帽子，都靠瓷盆同一边一种。

3 固定好之后再填入专用土至八分满，保留一点空间放砂石。

4 撕一小块苔藓，放在白乌帽子的对角线上，也可插上小瓢虫作为装饰。

做法提示

偏

使用长形的花器，把植物偏一边种，画面较有意境。

石

除了放金贝砂，也可用黑色的绿纹石。

埋伏

小瓢虫很吸睛，埋伏在苔藓中可以假乱真。

14 大型若绿

Crassula muscosa L. var.*muscosa*‘Major’

一直觉得大型若绿好像某种机器怪手，也有点像螺旋状的变形金刚，但它其实没有想象中那般强壮，也需要细心照顾。

材料准备

大型若绿（适量）

实验室烧杯（1大1小）

金贝砂（适量）

多肉植物专用土（适量）

制作步骤

1 挑选大小适中的大型若绿，分类好备用。

2 烧杯中填入约六分满的专用土，种入植物后将土压平。

3 铺上金贝砂，厚度约为杯子的1/6，不要填太满。

4 用刷子刷掉花器上的土尘，即完成。

做法提示

大小

较大的植物就种在大烧杯、小的就种在小烧杯。

平

因为最上方要铺一层金贝砂，加上又是透明的杯子，所以土要压平后铺上金贝砂才好看。

净

透明的杯子若不够干净，就会影响美观，一定要清理干净。

15 玉缀 *Sedum morganianum*

玉缀很会长，在农场栽培可不用管它，就能长得浑身是劲。向下垂缀生长时，仿佛绿色的瀑布。夏天的高温是考验期。

材料准备

玉缀（5~6株）

马克杯（1只）

多肉植物专用土（适量）

制作步骤

1 将专用土放入马克杯中约八分满，再将玉缀移入马克杯中。

2 玉缀身上也有薄薄的粉，碰掉粉会影响美观，请善用夹子来操作。

3 沿马克杯缘种满玉缀，即完成。

测

土填到七八分满时，把玉缀放进去测一下高度，以能露出杯面为佳。

发

玉缀叶片若不小心碰掉，可试着放在土上，等它生根。

堆

沿着杯缘种满它，一堆一堆的宛如绿色的泡泡。

16 金晃 *Notocactus leninghausii*

金晃小时呈一坨很可爱，在为它找新家时，发现这个不锈钢杯大小刚刚好，但你一定想不到这其实是只米糕筒。

材料准备

金晃（1株）

不锈钢米糕筒（1只）

水晶白砂（适量）

多肉植物专用土（适量）

制作步骤

1 将金晃从原盆中移出，虽然其表面是软毛不容易刺伤人，但还是建议用夹子较好操作。

2 去除金晃根部外缘杂质，整理成适合新容器的大小。

3 将金晃种进米糕筒后，铺上水晶白砂。

4 用缎带做一个蝴蝶结，粘在杯上即完成。

做法提示

移

用夹子移盆，避免受伤。

净身

先整理干净、修剪成合适的大小后，再搬新家。

粘

粘上白色的缎带，可用热熔胶来粘较不易脱落。

17 条纹十二卷

Haworthia fasciata

条纹十二卷算是很瘦的多肉植物，不知道为什么，一直觉得它好像恐龙的爪子，生命力强劲。

材料准备

条纹十二卷（1株）

禅风造型碗（1大1小）

金贝砂（适量）

多肉植物专用土（适量）

制作步骤

1 将条纹十二卷从原盆中移出，保留根部一部分原土。

2 置入小的造型碗中，填上专用土，再铺上金贝砂。

3 另一个较大的造型碗，可选择再种一株，也可选择留空，或把它翻过来当作底座。

做法提示

抓

条纹十二卷表面粗糙但无刺，可用手轻抓。

双层

不管是留空或是填满土再种一株，都很有感觉。

垫

把同款盆器翻过身来作为底座将其垫高，又是一种不同的风景。

第二章 有爱

这几年很着迷于看松浦弥太郎的书，简单易懂又让人感触良多。他劝人们对每件事都要有爱，有了爱才能充满正能量。植物有阳光、空气与水就能生存，但多一点关爱，说不定它们会长得更好喔。有爱，所以我们存在。

2

18 蛋白石莲（幼）

Echeveria sp. SIMONOASA

这株蛋白石莲还是幼幼班小朋友，是随手摘下后刚孵出的幼苗，你一定会很期待它长大后的模样。

材料准备

蛋白石莲幼苗（3株）	塑胶盒（1只)
方形烤皿（1个）	水晶白砂（适量）
小木房（1个）	多肉植物专用土（适量）

制作步骤

1 从原盆小心移出蛋白石莲幼苗。

2 把塑胶盒剪好，量好深度、不要过高。

3 填入多肉植物专用土，种上蛋白石莲幼苗。

4 与小木房一起放入烤皿中，确认好大小与位置。

5 铺上水晶白砂、压紧后，放上小木房即完成。

做法提示

机关

先把植物种到剪好的塑胶盒中，之后再放到烤皿里比较好调整位置。

方位

将小木房放入烤皿中比对位置，小心不要压到植物。

压紧

确定好位置后再铺满水晶白砂并压紧。

19 月兔耳

Kalanchoe tomentosa

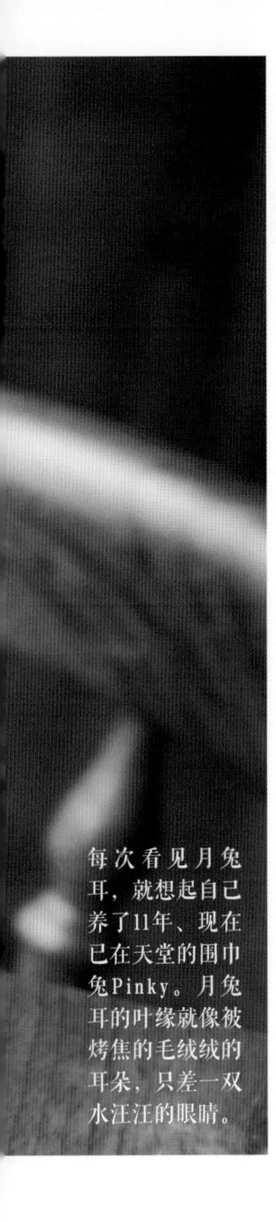

材料准备

月兔耳（1株）	水晶白砂（适量）
日式花纹茶杯（1只）	多肉植物专用土（适量）

制作步骤

1. 挑选大小合适的月兔耳备用。
2. 放入少量专用土到茶杯里，再放入月兔耳调整高度。
3. 确认好月兔耳位置后，继续填入专用土，上方铺一层水晶白砂，压紧后即完成。

做法提示

刷

月兔耳表面有绒毛，易沾土，可用水彩笔刷掉。

不满

土不要放全满，保留上方铺水晶白砂的空间。

拍

拍一拍杯子，让杯里的土更紧实。

20 虹之玉 *Sedum rubrotinctum*

虹之玉也是变色龙，从夏天开始种的话，到秋冬季，就能看到它的肉质叶由绿转红的过程，愈冷颜色愈红，像枫叶一样。

材料准备

虹之玉（5~6株）	塑胶杯（1只）
圆形黑色小铁盒（1个）	绿纹石（适量）
艾莉加干燥花（1小把）	多肉植物专用土（适量）

制作步骤

1. 为了避免铁盒生锈，剪下塑胶杯放入小铁盒中当作防水基底。
2. 在小铁盒中填入专用土，种上虹之玉，虹之玉数量可依个人喜好调整。
3. 留一点位置摆放干燥花。
4. 放上绿纹石之后再插入干燥花即完成。

做法提示

巧合

防水用的塑胶杯要比花器小一点。

压

将虹之玉移入盆中时可轻压土壤，以固定植物。

夹

先调整好绿纹石再插上干燥花。

21 茎足单腺戟

Monadenium ellenbeckii var.caulopodium

一开始我们都叫它“芦笋”，因为它的名字很长又特别难记住，后来才觉得它的本名其实很有特色啊。

材料准备

茎足单腺戟（3株）	金贝砂（适量）
数字陶瓷罐（1只）	多肉植物专用土（适量）
干燥金槌花（1颗）	

制作步骤

1. 挑2高1矮的茎足单腺戟3株，不要齐头高。
2. 因为罐子瓶口小，先种2株高的，再种1株矮的。若一次就种3株进去，不仅没有空间调整，也不好种。
3. 放入金贝砂，插上金槌花即完成。

做法提示

长夹

有深度的容器，利用长夹比较好操作。

先后

先种2株高的比较好倒土，有高低差才有趣。

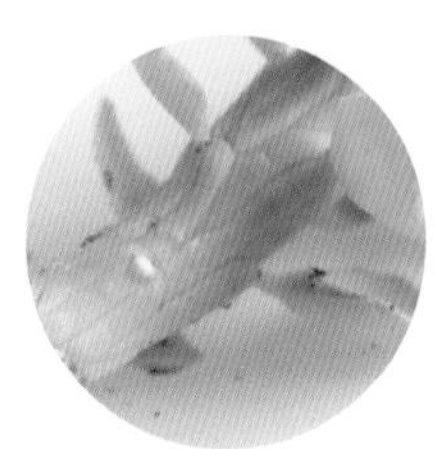

汁

小心不要碰伤叶部，以免流出白色汁液，人触碰到易过敏。

22 玉扇 *Haworthia truncata*

雪峰 *Mammillaria gracilis* cv Arizona snowcap

有些玉扇株形会扭曲得很有趣。雪峰身上的“刺”其实是假武器，软软的没有一点伤害力。

材料准备

- 玉扇（1株）
- 雪峰（4株）
- 白色陶瓷糖盅（1个）
- 金贝砂（适量）
- 多肉植物专用土（适量）

制作步骤

1. 先填部分的专用土到糖盅中，种入玉扇。
2. 小株的雪峰根较短，种完玉扇后补填一些专用土，最后种雪峰。
3. 将雪峰固定好后再补填少许专用土，铺上金贝砂即完成。

做法提示

老大先

玉扇占面积较大，请它先坐进去。

不痛

雪峰身上的软毛不会刺人，可直接用手拿。但每株状况不同，还是请先测试。

调

植物种进容器时先不要压紧，填土时较容易调整。

23 雷童 *Delosperma echinatum*

雷童跟银箭十分相似，呈分枝密集的灌木状，叶末较圆且身形饱满，英文别名是“小黄瓜仙人掌”。

材料准备

雷童（4株）

中式沾酱小碟（2~3个）

水晶白砂（适量）

多肉植物专用土（适量）

制作步骤

1 将雷童放入碟子里，分别放在对角4个点，中间保留空间填土。

2 专用土先从中间放入，再将植物周围填满。

3 将土压实后铺上水晶白砂，即完成。

做法提示

土先

若选的雷童根较短，则先放专用土垫高，以将植物体露出碟子外为好。

四分

放入4株雷童，中间留空间填土。

顺序

中间倒入专用土后，接着将植物微微往中间靠拢，露出周围空隙再填满专用土。

24 蓝月亮

Senecio antandroi

只要做好防水，木制的笔筒是很有温暖感的花器，别忘了要将盆栽放在向阳的地方。

材料准备

蓝月亮（2株）	金贝砂（适量）
随身药盒（2个）	多肉植物专用土（适量）
木制笔筒（1个）	

制作步骤

1. 将随身药盒剪掉盒盖后备用。
2. 用夹子从原盆中夹出蓝月亮，放入药盒中，再放入专用土。
3. 用手指把专用土压实，再放入木制笔筒中。
4. 确认好位置后，铺满金贝砂即完成。

做法提示

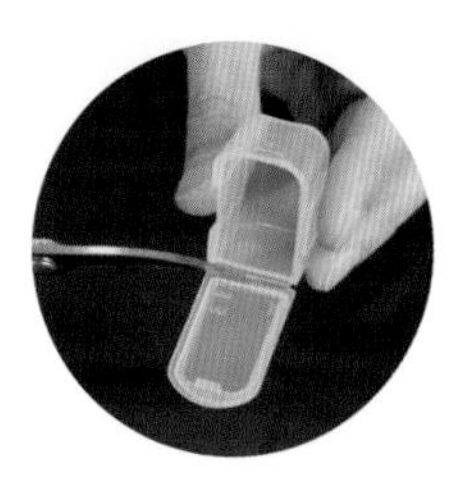

剪

药盒的盖子剪掉后才能放入专用土。

指压

种上蓝月亮，用手指把专用土压紧。

一起

2个药盒并列，偏一边放到木制笔筒里较好看。

25

诹访绿

Rhipsalis sulcata

蛋白石莲

Echeveria sp. SIMONOASA

材料准备

蛋白石莲（1大株）

水晶白砂（适量）

诹访绿（1~2株）

多肉植物专用土（适量）

日式饭碗（1只）

制作步骤

1 用长夹将蛋白石莲从原盆中移出，放入日式饭碗中，小心勿碰掉叶面上的白粉。

2 填入专用土后压实，可用手指感受土的松紧度。

3 最后种进诹访绿，再铺上水晶白砂，即完成。

做法提示

避

蛋白石莲叶面上有薄粉，宛如印象派的粉彩画，为避免碰到，请夹取茎底部。

手

制作中也可运用双手，将蛋白石莲种进专用土里。

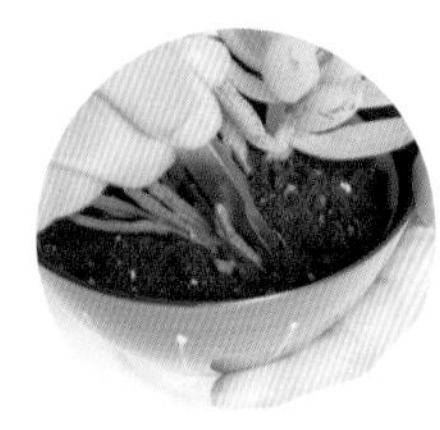

插秧

诹访绿身形细长，可用夹子协助种进专用土里。

26 黑法师

Aeonium arboreum var. Atropurpureum

黑法师又名紫叶莲花掌，叶色如其名，紫黑色的叶面好像真的有法力，不要是黑魔法就好。

材料准备

黑法师（1株）
绿纹石（适量）
黄金万年草（适量）
多肉植物专用土（适量）
梅花形小花盆（1个）

制作步骤

1 将黑法师种入花盆的正中间。

2 沿着黑法师周边慢慢种入黄金万年草（前一天需将黄金万年草剪下，放在空盘上风干伤口备用）。

3 在黑法师周围铺满黄金万年草后，再在空白处放上绿纹石。

做法提示

压

用小木棒压紧土壤。

种

小株的黄金万年草较难种，可用夹子帮它“开路”。

夹

绿纹石用夹子夹比较容易放进花盆。

27 唐印 *Kalanchoe thyrsiflora*

材料准备

唐印（1株）

白色水壶（1个）

多肉植物专用土（适量）

制作步骤

1 先填入部分专用土到水壶花器中。

2 将唐印移盆后种入花器中，以露出叶片为好。

3 唐印叶面上有一层粉，小心勿碰掉以免影响美观。

4 填入专用土后压紧，即完成。

做法提示

夹

唐印较大株时，可用长夹夹住茎底部再取出。

离

唐印主要美在叶片上有一层薄粉，种植时请利用各种工具，并离叶片远一点。

吹

用水彩笔会把粉也扫走，所以这里建议用相机吹气球来吹走叶片上的尘土。

28 若绿

Crassula muscosa

若绿这个名字比较柔美，很像武侠小说里的女配角。若绿单独栽种颜色略显单调，在旁点缀上粉红色的澳洲米花，则煞是美观动人。

材料准备

若绿（1盆）
拉菲草（1小段）
澳洲米花（适量）
水晶白砂（适量）
素烧陶盆（1个）
多肉植物专用土（适量）

制作步骤

1. 将拉菲草打结后绑在陶盆上。
2. 陶盆的洞孔用胶带从盆里面贴住，填入专用土。
3. 将若绿适度修剪后，种入陶盆中。
4. 铺上水晶白砂，插上澳洲米花后即完成。

做法提示

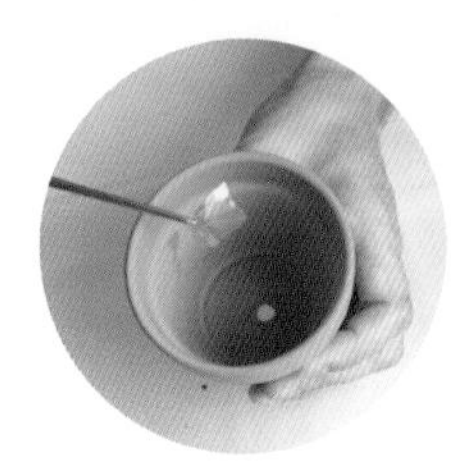

贴

用胶带将底部的洞孔贴起来防水，若是摆放在阳台则可免。

种

若买的若绿尺寸与陶盆相吻合，可整株放入。

铺

铺上水晶白砂时，可用手轻拨植物。

29 台湾佛甲草

Sedum formosanum N. E. Br.

台湾佛甲草是台湾、福建海边常见的植物，又称雀利或石板菜，能吃吗？我想还是欣赏它就好了。它的叶片形状有点像小汤匙。

材料准备

台湾佛甲草（4~5株）

水晶白砂（适量）

烘焙用不锈钢量杯（1个）

多肉植物专用土（适量）

白色千日红（5颗）

制作步骤

1 把台湾佛甲草修剪好后，置一旁备用。

2 将专用土倒入一些到不锈钢量杯里，将台湾佛甲草靠一边种。

3 再填上适量的专用土，将土轻压紧实，最后铺满水晶白砂。

4 插上白色千日红。

修

用小剪刀修掉台湾佛甲草较黄的老叶。

一半

花器的半边种台湾佛甲草，另半边留给白色千日红。

插花

铺完水晶白砂之后，再接着插上白色千日红。

30 筒叶花月

Crassula portulacea f. monstrosa

材料准备

筒叶花月（2~3株）	赛璐璐片（1小片）
玩具美钞（1张）	绿纹石（适量）
透明威士忌杯（1只）	多肉植物专用土（适量）
塑胶杯（1只）	

制作步骤

1 将塑胶杯剪成适当大小，以可放入威士忌杯中为好。

2 将筒叶花月种入塑胶杯后备用。

3 把玩具美钞放入威士忌杯内，粘贴固定，再放入赛璐璐片将其隔开以免碰到水。

4 先放一些绿纹石到杯中垫高，再将已种好筒叶花月的塑胶杯置入，最后填满绿纹石即完成。

筒叶花月的别名好多，既叫史瑞克的耳朵、又称聚财树，还有人叫它宇宙木！人缘很好呢。

机关

先放玩具美钞，再放入赛璐璐片作防水用，日后浇水也尽量浇在正中间以免纸钞吸到水。

垫

比对高度后，垫一些绿纹石在杯子底部，以能露出植物体为宜。

组合

将整合好的筒叶花月放入威士忌杯里，若太低就再加入绿纹石垫高。

31 扇雀 *Kalanchoe rhombopilosa*

材料准备

扇雀（1~2株）
金贝砂（适量）
圆形透明咖啡杯（1只）
多肉植物专用土（适量）

制作步骤

1 用夹子将扇雀从原盆中移出。

2 种入咖啡杯的正中间，高度以植株稍微露出杯口为佳。

3 放入专用土后，压紧，并成水平状。

4 填上金贝砂，将表面处理均匀后即完成。

粉

扇雀叶面上也有薄粉，尽量不要碰掉。

平

因为是透明的容器，所以需将土压平才更显漂亮。

泡

铺上金贝砂伪装成奶泡，这时可清楚见到土与沙之间的色差，层次感清晰呈现。

32 星王子 *Crassula conjuncta*

星王子好像漫画里的人物，银河列车，寂寞星球，穿越时空的旅行。它的整个植株由基部向上逐渐变小，形成宝塔状，外形奇特而美丽。

材料准备

星王子（3株）

不锈钢奶罐（1只）

多肉植物专用土（适量）

制作步骤

1 挑选好大小合适的星王子备用。

2 因为奶罐的口较小，先种入两株星王子，填入专用土，再种入第3株。

3 再倒入专用土后压紧，刷干净星王子的叶面，即完成。

填

将专用土填入不锈钢奶罐约八分满。

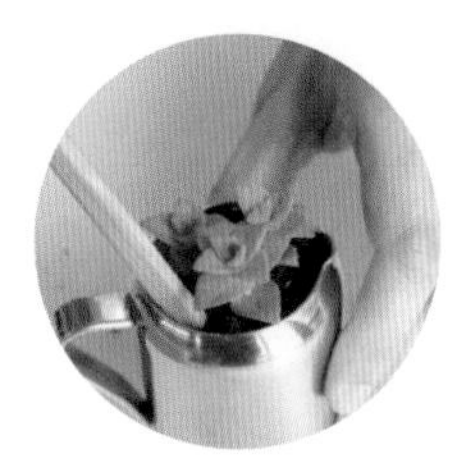

压

用小木棒压紧土壤，并同时固定好植物。

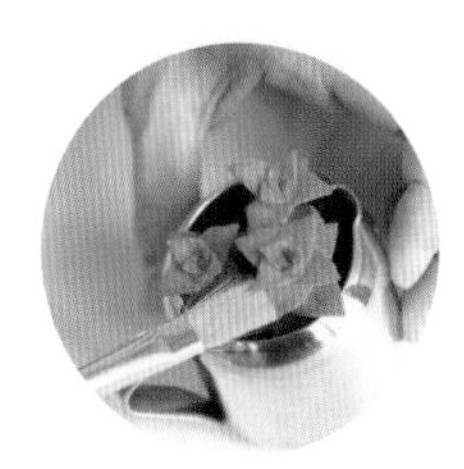

刷

星王子叶片一层层的易沾上土，可用水彩笔刷干净。

第三章 分享

如果有一份好吃的下午茶，你想找谁一起分享？干燥花其实是这样来的。大部分的多肉植物都没有太多的色彩，试着把干燥花跟多肉植物摆在一起，你会发现作品变得更有趣了。分享才能让世界更精彩，这一章，就邀请好朋友来做伴吧。

33

绿珊瑚 *Euphorbia tirucalli*

绿珊瑚会长得像小树一样高大，可以让种它的人很有成就感。

材料准备

绿珊瑚（1株）	水苔（适量）
透明把手玻璃杯（1只）	多肉植物专用土（适量）
小木鸟（1只）	

制作步骤

1 从原盆小心移出绿珊瑚，不要弄伤它，可戴手套进行。

2 先放一些专用土于玻璃杯中，再放入绿珊瑚。

3 稳定绿珊瑚后填入专用土，留一点空间放水苔。

4 放进水苔，把小木鸟粘在杯把上，即完成。

做法提示

小心

绿珊瑚受伤时会流出白色液体，有毒，要小心地操作。

湿

干的水苔比较不好固定，泡湿后较好摆放。

藏

将黏土固定在小木鸟底部，再粘到杯把手上。

34

碧鱼莲 *Echinus maximilianus*

碧鱼莲对称生长的「肉身」，很像元宝，又像一株小圣诞树，谁能不爱他？

材料准备

碧鱼莲（3株）	塑胶杯（1只）
方形黑铁盒（1个）	水晶白砂（适量）
木制小雪人（1个）	多肉植物专用土（适量）

制作步骤

1 选择一只比铁盒小一点的塑胶杯，剪好备用。

2 将碧鱼莲先放到塑胶杯中，填好专用土后，再放到铁盒中确认大小与位置，并留下空间给小雪人。

3 填入水晶白砂，均匀地铺满、铺平。

4 摆放小雪人，向下挖一点空间把它“种进去”，即完成。

做法提示

轻压

可轻压植物让它稍微倾斜，以利填入专用土。

挑

水晶白砂若含有杂质，铺好后再用小夹子挑出杂质。

种

把小雪人“种”进去，就不怕移动盆栽时倾倒。

35
金钱木/峨嵋山 *Portulaca molokiniensis* *Euphorbia* 'Gabizan'

金钱木又称云叶古木，云叶古木这名字就有着「神雕侠侣」的意味。它的叶柄基部膨大，木质化，不用装饰就有山水画意，搭配像萝卜头似的峨嵋山，真是绝配！

材料准备

金钱木（1株）

峨嵋山（2株）

白瓷汤碗（1只）

金贝砂（适量）

多肉植物专用土（适量）

制作步骤

1 将金钱木与峨嵋山分别从原盆中移出备用。

2 先种金钱木，再种峨嵋山。记得将这两种都靠汤碗的边缘种，留一点空间放金贝砂。

3 铺上金贝砂，不要铺满汤碗，保留一些汤碗的白色。

做法提示

夹

峨嵋山不好用手拿，应善用长夹夹住茎底部来操作。

靠边

都靠碗的边缘种，留白的地方铺上金贝砂，就有日本枯山水的味道。

不满

金贝砂别填太满，露一点汤碗本身的白色比较有禅意。

36

紫武藏/绿之铃 *Kalanchoe humilis* *Senecio rowleyanus*

叶子上有斑纹的紫武藏长得好像炸过的芋头，绿之铃的小叶子则很像剥壳后的豌豆，秀色可餐。

材料准备

紫武藏（2株）	铝线（数根）
绿之铃（2~3株）	金贝砂（适量）
仿石材杯（1只）	多肉植物专用土（适量）

制作步骤

1 将绿之铃与紫武藏移出原盆备用，把专用土填入仿石材杯中约八分满。

2 先种紫武藏，压紧土，再种绿之铃。

3 用小夹子将绿之铃小心种入土里，留意其下垂的高度，可种茎短一点的，享受看它往下悬垂生长的乐趣。

4 将弯好的铝线固定住绿之铃的茎杆，插入土中，最后铺上金贝砂。

做法提示

压

种绿之铃的土要压紧一些，以免垂吊的绿之铃松脱。

戳

成串的绿之铃不好种，要善用夹子把它“戳”进土里。

夹

若怕绿之铃掉下来，可用U形铝线夹住茎部，只要能固定就好，不要夹伤它。

37 绿珊瑚/松叶佛甲草/白小町

Euphorbia tirucalli
Sedum mexicanum Britt.
Notocactus scope

左后方是绿珊瑚，前面是松叶佛甲草，中间是白小町，仿佛海底的珊瑚、海草与海胆。

材料准备

绿珊瑚（2株）	调味罐（1组）
松叶佛甲草（1株）	绿纹石（适量）
白小町（1株）	多肉植物专用土（适量）

制作步骤

1. 小心别将绿珊瑚弄伤，种在小罐子后方，前方种松叶佛甲草。
2. 中间的罐子种白小町，因为它比较矮，所以让它站高一点。
3. 最后铺上绿纹石即完成。

做法提示

指压

用手指把土压紧，借以固定较高的绿珊瑚。

挑

松叶佛甲草下方的叶子有枯黄的，请先摘掉。

夹

种上植物后的罐子余下空间较小，可用小夹子处理石头。

38

银晃星 *Echeveria pulvinata* 'Frosty'

银晃星身上的银白色绒毛让人很想摸摸它、也许绒毛娃娃工厂可以考虑生产多肉植物玩偶呢。

材料准备

银晃星（1株）

水晶白砂（适量）

石斑木果实（1小把）

多肉植物专用土（适量）

奶酪杯、焗烤盘（各1个）

制作步骤

1 将银晃星移入奶酪杯中，选择刚好能覆盖住杯子大小的植株最佳。

2 种好后将它放入焗烤盘，调整好位置，再倒入水晶白砂。

3 剪下一小把干燥过的石斑木果实，放在水晶白砂上作点缀，即完成。

做法提示

毛毛的

银晃星叶片上有细细的绒毛，很容易沾到土，用刷子刷掉即可。

叠

将已种好银晃星的奶酪杯放入焗烤盘中，调整好位置再放水晶白砂。

点

石斑木果实像蓝莓果，不抢戏又有点缀效果。

39

圆叶虹之玉/白桦麒麟 *Sedum stahlii* *Euphorbia mammillaris* f. *variegata*

偶尔在花市发现这只可爱的手工描花瓶，老板娘说现在没人做了，因为太费工。很想找到当年的师傅，我们很愿意学。

材料准备

圆叶虹之玉（1株）

白桦麒麟（1株）

复古描花瓶（1个）

金贝砂（适量）

多肉植物专用土（适量）

制作步骤

1 将圆叶虹之玉移出原盆，小心轻放，可立起来或直接种入准备好的花器中。

2 先种圆叶虹之玉，再种入白桦麒麟。

3 用小汤匙将专用土慢慢倒入，压紧，铺上金贝砂，即完成。

做法提示

轻

圆叶虹之玉的球形叶片容易脱落，要小心轻碰。

小匙

填土时可使用小汤匙，比较容易操作。

巧压

把土压紧一些，但也不要紧到影响植物呼吸。

40

小花犀角 *Stapelia unicornis*

很想颁一张好人卡给小花犀角，因为它有仙人掌的外形，却没有仙人掌的『武器』，像个没脾气的好朋友。

材料准备

小花犀角（1株）	磁铁塑胶笔筒（1个）
山防风（2颗）	保丽龙（1小块）
麋鹿苔藓、铝线（适量）	多肉植物专用土（适量）

制作步骤

1 将保丽龙裁成可放入笔筒中的大小，塞进底部后再放入专用土。

2 将土填到可露出植物的高度后，种入小花犀角。

3 把麋鹿苔藓铺满植物周围，用铝线固定，最后插上山防风，即完成。

*这一款很适合放在办公室有磁性的隔板上，可随时取下又不占空间，但要挑选磁性够大、吸力够强的产品作花器，以免掉落。

做法提示

偷

放保丽龙是为了减少用土量，避免磁铁吸力不够大、无法承受重量而掉落。

吸

磁铁塑胶笔筒，可吸在冰箱、电表箱上。

满

铺满苔藓时，善用夹子与铝线将其固定。

41

加州落日/吹雪柱 *x Graptosedum* 'Calfornia Sunset' *Cleistocactus strausii* (Heese) Backeb.

吹雪柱身上披的软毛很浓密，差不多可拿来当睫毛刷了。加州落日要待天气冷一点才会变为橘红色。

材料准备

吹雪柱（3株）	黑色瓷器（1只）
加州落日（1株）	金贝砂（适量）
气泡布（1片）	多肉植物专用土（适量）

制作步骤

1 先用气泡布将吹雪柱包起来，放入花器中确认高度。

2 确认高度后，将专用土小心放入花器中，不要沾到吹雪柱。

3 固定好吹雪柱后，再将较低矮的加州落日种进去。

4 铺上金贝砂，即完成。

做法提示

包

气泡布是很理想的道具，除了避免吹雪柱受伤，包起来也很好移动。

挡

软毛一沾到土除了很难清理也会影响样貌，加土时可用扁茶匙将其挡住。

再包

气泡布又上场，加土过程中也可用其包住吹雪柱，防止土沾到软毛上。

42 吹雪柱/金晃/雪峰

Cleistocactus strausii (Heese) Backeb
Notocactus leninghausii
Mammillaria gracilis Arizona snowcap

这个多肉植物组合我称之为「三百万」，如果桌上放了「三百万」，我想上班时心情一定很好吧？如果你想叫它们「三千万」，我也不反对啦！

材料准备

吹雪柱（1株）	白瓷花器（1组）
金晃（1株）	气泡布（1片）
雪峰（3株）	多肉植物专用土（适量）

制作步骤

1. 若买的花器下方有孔，可贴上胶布；若附有底盘，则可不贴。
2. 将多肉植物们逐一放入花器中，确定好位置与高度后，填入专用土。植株矮的在前，高的在后。
3. 可依个人喜好加上砂石在土上方，亦可不放。

做法提示

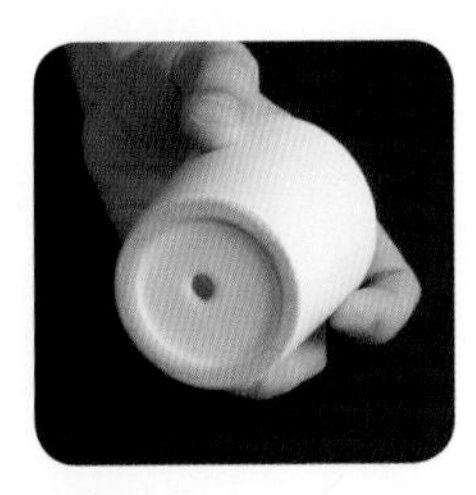

贴

若花器底部有孔可用胶布贴在花器里，以防水流出。

比

先比一下植物与花器的大小，才能营造出恰好的美感。

特写

像雪人一样的吹雪柱，别让土沾到它身上，不然就会变成“巧克力柱”了。

43 龙神木/白乌帽子/小花犀角/金冠

Myrtillocactus geometrizans
Opuntia microdasys var.*albispina*
Stapelia unicoris
Notocactus schumannianus

因为这四种多肉植物身材都比较高大，所以就叫它们「四大天王」，连花器都是大型的。那谁是刘德华？

材料准备

龙神木、白乌帽子、小花犀角、金冠（各1株）

大型清水模花盆 (1个）

绿纹石（适量）

多肉植物专用土（适量）

制作步骤

1 将有高低差的4株植物逐一放入花盆中，依植株高矮决定先后顺序，矮的在前，高的在后。

2 先种进高的龙神木与白乌帽子，再种入矮的小花犀角与金冠。记得不要种满花盆，若想调整位子也比较好移动。

3 最后加上绿纹石，盖住专用土，即完成。

做法提示

粉刺

龙神木上披有薄粉，乍看无刺，但其实凸出部分有小刺，请留意。

空

花盆大但仍不要种太满，留一点空间比较好看。

加珍珠

清水模花盆配黑色绿纹石很般配，就像奶茶加珍珠。

44

七宝树锦/高加索景天 *Senecio articulatus* 'Candlelight' *Sedum spurium*

材料准备

七宝树锦（1~2株）	水晶白砂（适量）
高加索景天（1株）	多肉植物专用土（适量）
淡青瓷水杯（1只）	

制作步骤

1 身形较修长的七宝树锦，适合选择一样修长形的花器。

2 将有高低差的七宝树锦挑出，修剪叶片后备用。

3 种七宝树锦时先把高的种进花器中，加专用土垫高后，再种入较矮的。

4 最后种入最矮的高加索景天，压紧土后铺上水晶白砂。

做法提示

修

七宝树锦叶片较小，枯萎的部分可先修剪掉。

高低

选2株有高低差的七宝树锦，排列起来比较有层次。

点缀

让低矮型的高加索景天作点缀，突出杯缘，有延伸视线的效果。

45

蓝月亮/星王子 *Senecio antandroi/Crassula conjuncta*

作为点缀的金槌花跟红色千日红很抢眼，放在高脚杯里好像甜点，好想来一杯。

材料准备

蓝月亮（2株）
星王子（1株）
金槌花、红色千日红（各1颗）
透明高脚杯（1只）
水晶白砂（适量）
多肉植物专用土（适量）

制作步骤

1 将专用土放入高脚杯，先种蓝月亮，接着种星王子。

2 因为高脚杯是透明的，所以土的比例约占整体的3/4。

3 确认将植物固定后，再放入水晶白砂，分量不要太多，约占土的1/4。

4 最后再插上金槌花与红色千日红。

做法提示

净

透明高脚杯要先里外擦干净，若做好才发现有脏污那就得重来一次

高低

高的蓝月亮先种，再种矮个子星王子，有高有低更显层次。

比例

水晶白砂比例不宜过高，像咖啡上的提拉米苏或是奶泡的点缀效果即可。

46
黄丽 *Sedum adolphii*

黄丽的外形饱满，深得我心，配上云朵般的澳洲米花，我又想唱『神雕侠侣』的歌了。

材料准备

黄丽（1株）	绿纹石（适量）
澳洲米花（2小把）	多肉植物专用土（适量）
白瓷花盆（1个）	

制作步骤

1 把专用土倒进花盆里约八分满。

2 小心地把黄丽种入花盆里（因为黄丽表面也有一层薄粉），偏一边种，保留另一侧空间放干燥花。

3 铺上绿纹石后，再插上澳洲米花，即完成。

做法提示

偏

把黄丽种在靠左或靠右的位置，不要种在正中间，留位子给干燥花。

显

深色的绿纹石更能突显黄丽的色泽。

插花

除了插上澳洲米花，也可插入羊毛松或你喜欢的任何一种干燥花。

47

翡翠木/卷绢 *Crassula argentea* *Sempervivum arachnoideum*

左边的翡翠木就是俗称的发财树，通常会长得很健壮，生命力强盛，希望大家种了都能发财啊。

材料准备

翡翠木（2~3株）	日式酱料碟（1个）
卷绢（1株）	绿纹石（适量）
澳洲米花（2小把）	多肉植物专用土（适量）

制作步骤

1 倒少量专用土到酱料碟中，先种入卷绢，以能露出它的身形为好。

2 接着种进翡翠木，种植时小心一旁的卷绢，不要把它下方的叶片也埋进去。

3 于酱料碟的上方，铺满绿纹石，再插上澳洲米花，即完成。

做法提示

抓

卷绢不太有着力点，可轻轻抓着它种进去。

再抓

翡翠木较高重心易不稳，可用手扶着它，比较好种。

插花

铺满绿纹石后，再随意插上澳洲米花点缀。

48

五星小多肉 *Five Stars*

原盆里的多肉植物有些比较小株的，除了留在原盆里让它继续长大外，还可移放到较小的容器里制作迷你盆景，也是一道美丽的风景。

材料准备

筒叶花月、樱吹雪、高加索	奶油碟（5个）
景天、粉红色千日红、虹之	水晶白砂（适量）
玉（各1株/适量）	多肉植物专用土（适量）

制作步骤

1 植株若是从大株中修剪下来的（如高加索景天），需静置一天以上待伤口风干。

2 这5种多肉植物分别选择大小合适的，一一种入奶油碟中。

3 叶片比较密的（如高加索景天）就无需加入水晶白砂装饰，其他几种在种好后，再铺一层水晶白砂，即完成。

做法提示

少

奶油碟因为小，所以土也不用填太满，还要保留一点空间放水晶白砂。

浅

水晶白砂不要放太满，平铺最佳，满出来既易掉落也不好看。

比

比一下各个盆景的大小，差异不要太大，看起来比较协调。

49

丛林里 Inside the Forest

羊毛松随便一放就有丛林的气息，配上星辰花与石斑木果实，当然还要一只猫头鹰来守候。

材料准备

羊毛松（1~2把）	白瓷饭勺座（1个）
星辰花（1把）	泡棉胶或黏土（适量）
石斑木果实（1把）	水晶白砂（适量）
猫头鹰筷架（1个）	木制置物盘（1个）

制作步骤

1 先将水晶白砂放入饭勺座里约六分满。

2 插入羊毛松，再放入星辰花与石斑木果实点缀。

3 猫头鹰筷架底部粘上泡棉双面胶或黏土，粘在木盘上。

做法提示

修

可依个人喜好修剪羊毛松，但其枝干较粗，需要强力一点的剪刀。

稳

水晶白砂是用来稳固干燥花的，功用如插花用的海绵。

粘

泡棉双面胶黏度较大，缺点是撕下后很容易破坏物品表面，可用黏土代替。

50
千日红 *Gomphrena globosa*

千日红就是俗称的圆仔花，颜色有白色、红色、紫色等，红色与紫色最适合拿来搭配多肉植物盆栽。

材料准备

千日红（20~30朵）

透明威士忌杯（1只）

制作步骤

1 从花市买回来的千日红，需倒挂干燥一星期左右。

2 将干燥过的千日红剪下，保留一点茎干。

3 将花的正面朝向杯子外侧，以绕圈堆叠方式，由下往上叠，记得将茎干藏入花与花之间。

4 千日红可依个人喜好堆满或八分满，可滴上精油当扩香瓶。

做法提示

装

千日红的花瓣多层很会掉落，找个容器盛接以免掉满地。

留

保留一点茎干，除了让花体完整，也好摆放。

穿

把花穿插着摆放，把最美的正面朝外，拿花手劲要轻。

50+
山防风（华东蓝刺头） *Echinops grilisii* Hance

山防风干燥后跟生长时的状态几乎一模一样，也没有褪色的问题，是很好的配角。在这里，它成了主角呢。

材料准备

山防风（2颗/每管）	绿纹石（适量）
高透明试管（1~2只）	纸胶带（适量）

制作步骤

1 准备一把尖嘴钳，先将山防风茎干上的刺一一拔除干净，最好戴手套进行，其刺十分微小。

2 将一大一小2颗山防风，用纸胶带将它们的茎底部粘在一起。

3 用长形夹将山防风放入试管中，再倒入绿纹石（山防风够强壮，不小心碰到石头也没有关系）。

做法提示

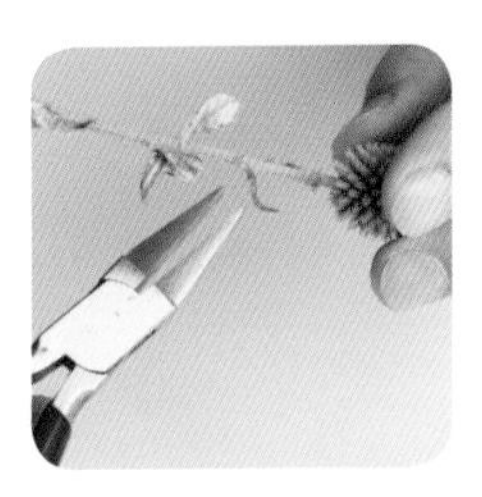

魔鬼

山防风的刺主要长在叶上，少部分藏在茎干中，需小心查看。

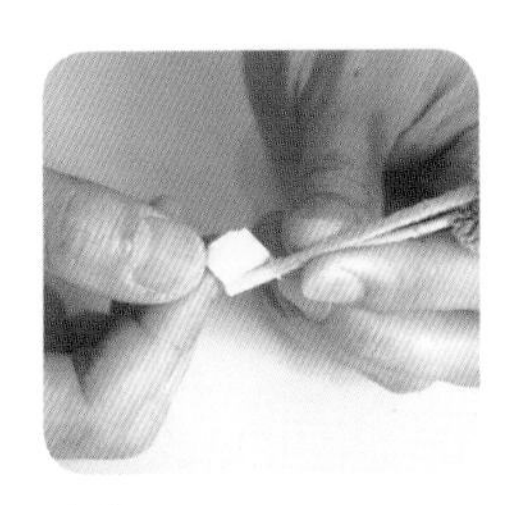

缠

将2颗山防风粘在一起，长相依。

倒

绿纹石可大方地倒进试管里，山防风够强壮的。

附录

干燥花小百科

星辰花

星辰花（*Limonium sinuatum*）又称不凋花、矶松，也有英文名为Sea Lavender（海里熏衣草），名字很美，其颜色也缤纷多彩，很适合用来做干燥花，其在干燥后不褪色、不变形。就因为其此特性，给人以恒久不变的感觉，因而得“勿忘我”和“永不变心”的寓意。若想借花传达心意，这种花很适宜。

山防风

山防风(*Echinops grilisii* Hance）又名华东蓝刺头，干燥后其根茎部可做成中药材，但最迷人的还是它的球形头状花序，在干燥后颜色也不会变，还真难分清是新鲜的或是已干燥的。要小心它的茎部，有不少隐藏的小刺，在做成干燥花后最好戴手套用工具去除。

金槌花

金槌花(*Craspedia globosa* Benth），又名珍珠花、金杖球，黄澄澄的，且有着十分讨喜的造型，拿来做成干燥花，其色彩也不会有太大变化，是花艺中常见的配花，以其作为新娘手捧花、新郎胸花、桌花等。采购时，球顶的花粉不宜过厚，以看得见结构最佳。应挑选根茎较粗的，做成干燥花之后，才不会变得太细，不至于立起来时垂头丧气。

千日红

千日红（*Gomphrena globosa*），又名火球花，在台湾俗称圆仔花。全年皆可采收，色彩多样鲜艳，有白的、红的、紫的，做成干燥花很可爱，花色艳丽有光泽，花干后而不凋，头状花序经久不变，所以得名千日红。花的结构较多层次易掉花瓣。

艾莉加

艾莉加原产于南非，会开大量的粉红色小花，是很好的插花配角。做成干燥花后颜色不太会变，但因花较小，碰触花瓣易掉落。

羊毛松

羊毛松形如其名，的确是柔软得像羊毛一样。原产澳洲，据说当地人都买来当圣诞树，看起来就很温暖。

松果

松果是松树的果实，体如鱼鳞，颜色有白有黑，泡了水会整个缩起来，晒干后才会再打开组织，在山区常可见到其踪影。

澳洲米花

澳洲米花（*Ozothamnus diosmifolius*），英文原名就真的叫Rice Flower，呈球形的小花簇生于末端分支上，长得像米，通常白色，也有粉红色的。干燥后跟本来的颜色差异不大，是充满空气感的一种干燥花。

石斑木果实

石斑木果实（*Rhaphiolepis indica* var. *indica*），花市中有叫它“蓝莓果”的，但跟超市卖的食用蓝莓不同喔。深紫色的石斑木果实干燥后可用于花艺，耐久不变。

*大部分鲜花在干燥后，都会有色彩变暗的问题，而白色的花却会变成浅褐色。

*颜色较鲜艳的星辰花、千日红，干燥后大多能保持原来的色彩，但时间久了仍会褪色变浅。应避免放在光照处，尤其是亮度很高的投射灯会加速其褪色。

*山防风与金槌花等球形的花做成干燥花，偶尔有些花会从内部崩塌、整株“幻灭”。其原因很有可能是结构性的问题，或是有小虫把芯给吃掉了！

后记：青春“肉体”山里来

“来买肉吗？”

第一次走进山上的农场，老板娘的问候让我停格了2秒，什么？对，就是来买“肉”的。

其实我很不爱上山，因为体质易过敏，被俗称的小黑蚊一叮，就会肿胀成大脓包，又痛又痒至少一周才会消退。所以每次上山采“肉”，就得把自己包得像帐篷，防蚊液也不可少，在热得要命的夏天，一样要穿长袖加手套。

开车把这些“山里肉”带回工作室时，又觉得自己像开飞机的机长，行李箱还加了厚厚的瑜伽垫，只为了让它们一路安稳到家，只差没送上小菜、咖啡与毛毯了。

所以，当这些青春“肉体”下山后，被改造成一杯杯、一盘盘的美丽风景时，这些过程都变成风一样被吹到山里去了（呼啸声）。

感谢语

每一道风景的背后，都有一双温暖的手。谢谢在这本书的制作过程中，给予诸多协助的品牌与朋友们。（名单按笔画顺序，中/英）

场景协助
光点咖啡时光：p.030 / p.032
阿原肥皂淡水天光店：p.044 / p.068 / p.128
72%雪文皂房：p.098 / p.122
Whiple Lib： p.072 / p.086

花器协助
生活工场：p.040 / p.062 / p.084 / p.094 / p.118 / p.128
TOAST：p.038 / p.044

图书在版编目 (CIP) 数据

多肉新手 玩转桌上小盆栽 / 雷弘瑞，王之义著 .—福州：福建科学技术出版社，2017.9
ISBN 978-7-5335-5372-2

Ⅰ .①多… Ⅱ .①雷… ②王… Ⅲ .①多浆植物 – 观赏园艺 Ⅳ .① S682.33

中国版本图书馆 CIP 数据核字（2017）第 140855 号

书　　名　多肉新手　玩转桌上小盆栽
著　　者　雷弘瑞　王之义
出版发行　海峡出版发行集团
　　　　　福建科学技术出版社
社　　址　福州市东水路76号（邮编350001）
网　　址　www.fjstp.com
经　　销　福建新华发行（集团）有限责任公司
印　　刷　福州德安彩色印刷有限公司
开　　本　700毫米×1000毫米　1/16
印　　张　9
图　　文　144码
版　　次　2017年9月第1版
印　　次　2017年9月第1次印刷
书　　号　ISBN 978-7-5335-5372-2
定　　价　45.00元
书中如有印装质量问题，可直接向本社调换